BEI GRIN MACHT SICH IHR WISSEN BEZAHLT

- Wir veröffentlichen Ihre Hausarbeit, Bachelor- und Masterarbeit

- Ihr eigenes eBook und Buch - weltweit in allen wichtigen Shops

- Verdienen Sie an jedem Verkauf

Jetzt bei www.GRIN.com hochladen und kostenlos publizieren

Markus Kranzler

4 Fragestellungen zur Evolution der Hominiden

Australopithecus / Out of Africa vs. Multi Origin / Homo habilis / Homo antecessor

GRIN Verlag

Bibliografische Information der Deutschen Nationalbibliothek:

Die Deutsche Bibliothek verzeichnet diese Publikation in der Deutschen National-bibliografie; detaillierte bibliografische Daten sind im Internet über http://dnb.d-nb.de/ abrufbar.

Impressum:

Copyright © 2007 GRIN Verlag GmbH
Druck und Bindung: Books on Demand GmbH, Norderstedt Germany
ISBN: 978-3-640-70718-8

Dieses Buch bei GRIN:

http://www.grin.com/de/e-book/156546/4-fragestellungen-zur-evolution-der-hominiden

Hausarbeit zu VO Hominidenevolution WS 2006/07

Inhaltsverzeichnis:

Einleitung   S.1
• Evolution von Australopithecus in Süd- und Ostafrika
inklusive Paranthropus-Gruppen   S.1
• Out of Africa versus multi origin/ Homo erectus-Homo ergaster   S.7
• Gibt es Homo habilis tatsächlich?   S.12
• Überlegungen zum Homo antecessor

Einleitung:

Bereits als es noch überhaupt keine fossilen Funde in Afrika gab, postulierte Charles Darwin, dass die Wiege des modernen Homo sapiens dort liegen muss: „In jedem großen Gebiet der Erde sind die lebenden Säugetiere nahe verwandt mit den erloschenen Arten desselben Gebietes. Es ist daher wahrscheinlich, dass Afrika früher von jetzt ausgestorbenen Affenarten bewohnt war, die mit dem Gorilla und dem Schimpansen nahe verwandt waren; und da diese beiden Arten jetzt die nächsten Verwandten des Menschen sind, so ist es wahrscheinlicher, dass unsere ältesten Vorfahren auf dem afrikanischen Festland gelebt haben als anderswo." (Darwin, 1871)

• Evolution von Australopithecus –
Süd- und Ostafrika inclusive Paranthropus-Gruppen

Australopithecus ist ein ausgestorbener Vertreter der Hominiden, einer Familie der Primaten, zu der sowohl die Menschenaffen als auch die Spezies Homo zählen. Er lebte im Pliozän in einem Zeitraum vor 4 bis vor 1,2 Millionen Jahren je nach Spezies in Süd- als auch in Ostafrika. Der Name bedeutet *südlicher Affe* (australo = südlich, pithecus = Affe) und bezieht sich auf den ersten Fund 1924 in Südafrika. Lange Zeit galten die Australopithecinen als die ältesten, sich zweibeinig fortbewegenden Hominiden, doch jüngere Funde wie die des *Millennium-Menschen* aus dem Jahr 2000 (Alter: 6 Millionen Jahre) und *Ardipithecus ramidus* aus dem Jahr 1992 (Alter: 4,4 Millionen Jahre) belegen durch den Bau des Beckens und der Kniegelenke, dass es schon früher Hominiden gab, die sich von den Menschenaffen abgrenzten und aufrecht gehen konnten. (Wikipedia, 2007a, Frenz 1998, Tattersall 2000).

Einteilung:
Das Genus Australopithecus gliedert sich in die grazilen Formen *A. anamensis, afarensis, africanus, bahrelghazali, garhi* sowie in die robusten Formen *A. aethopicus, robustus* und *boisei*. Die drei letztgenannten werden auch unter dem Namen *Paranthropus* als evolutionäre Sonderlinie zusammengefasst. Insgesamt liegen Fossilien von allen Teilen des Skeletts und von über 300 Individuen vor. Das gesamte Material stammt aus Süd- und Ostafrika, wobei der Schädel besser untersucht ist als das postkraniale Skelett. Die grazilen Formen sind mit 2-3 Millionen Jahren älter als die robusten mit 1-2 Millionen Jahren (Wikipedia, 2007a).

Allgemeine Morphologie und phylogenetische Stellung:
Allen Australopithecinen gemeinsam ist ein Mosaik hominider und pongider Merkmale: Hominidenartig sind der das Gebiß, der aufrechte Gang und anatomische Anpassungen darauf in Form des Beckens und der Spreizstellung der Fußzehen. Pongid sind die kleine

Hirnkapazität, die starke Prognathie und die Nasenregion. Bei einigen Strukturen wie der Lage des Hinterhauptlochs (Foramen magnum), Brustkorb und Schulterblättern liegen die Werte zwischen denen von Menschenaffen und Mensch. Somit kann man Australopithecus als Bindeglied zwischen deren gemeinsamen Vorfahren und der Gattung Homo verstehen. Aufgrund ihrer noch deutlichen tierprimatenhaften Züge werden sie von den Homininen abgetrennt und als eigene Unterfamilie behandelt. Bei noch älteren Hominidenfunden wie denen des Ardipithecus ramidus sind einige Merkmale noch deutlicher pongid z.B. verlängerte Eckzähne. Somit kann geschlossen werden, dass sich die Australopithecinen direkt aus den Ardipithecinen ableiten, die bzw. deren mögliche Vorfahren den Menschenaffen sehr nahe gestanden sein dürften (Knußmann 1996c, Wikipedia 2007e).

Aus den Australopithecinen gingen grob gesagt zwei konträre Formen hervor: Der spezialiserte Paranthropus mit mächtigen Kiefern, robustem Gesicht und kleinem Hirnschädel, und der unspezialisierte Homo, dessen Hirnschädel sich mächtig vergrößerte, dagegen Gesicht und Gebiss sich zurückbildeten.

Australopithecus anamensis:

Funde:
Den ersten Knochen fand Bryan Patterson 1965 in Kanapoi am Turkanasee in Norkenia. Die Einordnung war zweifelhaft, bis 1994 Meave Leakeys Team in der Nähe weiteres Material fand und 1995 A. anamensis als eigene Art beschrieb. Der Name beschreibt den Fundort („anam" = am See). Das osteologische Material wird auf 4,2 – 3,8 Millionen Jahre datiert, somit gilt A. anamensis als bisher älteste Art der Australopithecinen (Meister 1998a).

Morphologie:
A. anamensis wurde bis zu 120 cm groß und 35 bis 55 kg schwer. Das kraniale Skelett zeigt anhand der Prognathie und des primitiven, pongidem Schädel mit kleinem Neurocranium mehr Ähnlichkeit mit einem Menschaffen als mit einem Menschen. Das Viszerocranium ist wie bei allen anderen Australopithecinen kleiner als das Neurocranium. Für hominine Verwandtschaft sprechen die vor allem die Verbreiterung der Eckzähne, die beim Pongiden noch dolchartig sind, der gebogene Unterkiefer (beim Menschenaffen eckiger, beim rezenten Menschen parabolisch) sowie das postkraniale Skelett, das den aufrechten Gang belegt. An den Tibiaepiphysen finden sich sockelartige Verstärkungen, die beim aufrechten Gang zur Minderung des Belastungsdrucks beitragen. Außerdem fehlt eine tiefe Fossa Olecrani, die beim vierbeinigen Knöchelgang der Panini ein Überstrecken der Extremität verhindert. Von den anderen Australopithecinen unterscheidet sich A. anamensis hauptsächlich durch Zahn- und Kiefermerkmale (Henke, Rothe 1998a, Knußmann 1996b, Meister 1998a).

Ökologie :
Die Untersuchung der fossilen Begleitfauna ergab, dass A. anamensis in der Nähe des Flusses Omo lebte, der in den Vorläufer des Turkanasees mündete. Die Vegetation war eine Mischung aus Galeriewäldern und offenen Graslandschaften, was vermuten lässt, dass A. anamensis zwar noch ein Waldbewohner und Kletterer war, sich schon aber in Savannen vorwagte, und so der aufrechte Gang zu Einsatz kam (Henke, Rothe 1998a). A. anamensis scheint sich vorwiegend von weicher Pflanzenkost ernährt zu haben.

Australopithecus afarensis

Funde:
Den ersten Fund machte Ludwig Kohl-Larsen 1939 in Laetoli in Tansania, der 1950 als *Meganthropus africanus* bezeichnet wurde. Erst 1978, nach weiteren Entdeckungen dieser Art, wurde A. afarensis durch Donald Johanson, Tim White und Yves Coppens erstmals wissenschaftlich beschrieben. Der Name rührt von den Funden im Afar-Dreieck, der Grabensenke in Äthiopien. Überhaupt ist A. afarensis die Hominidenspezies, von der am meisten Fossilien gefunden wurden, darunter *Lucy* (1974), *DIK1-1* oder das *Mädchen von Dikika* (2000), sowie eine Gruppe von 13 Individuen, die wahrscheinlich bei einer Katastrophe ums Leben gekommen sind. Auch Fußspuren im Alter von 3,6 Millionen Jahren, die im vulkanischen Gestein erhalten blieben, wurden A. afarensis zugeordnet. A. afarensis lebte vor etwa 4 bis 2,9 Millionen Jahren (Meister 1998a, Wikipedia 2007c).
Lucy: Die Rekonstruktion des 3,0-3,5 Millionen Jahre alten Skeletts identifiziert Lucy als 105cm großes, 30 kg schweres und ungefähr 25 Jahre altes Weibchen. Das Skelett ist zu 20% vollständig und enthält Teile von Femur, Tibia, Becken, Schädel und Wirbelsäule (Wikipedia, 2007b).
DIK1-1: Das vollständigste osteologische Material eines A. afarensis besteht aus fast allen Zähnen, Schädelknochen, Zungenbein, beiden Schulterblättern, beiden Kniescheiben, allen Rippen, Teilen der Brustwirbelsäule, eines Armes, des Schienbeins und einem kompletten Fuß. Das Schädelvolumen beträgt 274-330 ccm und macht etwa 65-88% eines erwachsenen A. afarensis aus (310-485 ccm). Aufgrund der noch nicht durchgebrochenen 1.Dauermolaren wird das Alter des Individuums auf etwa 3 Jahre und das Geschlecht infolge der Zahnkronenbeschaffenheit auf weiblich geschätzt. Das Zungenbein und das Schulterblatt ähneln mehr denen eines Gorillas, die Innenohrbogengänge und der Finger mehr denen eines Schimpansen, die Lage des großen Hinterhauptlochs jedoch ist deutlich menschenartiger ausgeprägt (Wikipedia, 2007c).

Morphologie:
A.afarensis wurde bis zu 150 cm groß und 70 kg schwer. Weibchen dürften jedoch erheblich kleiner und leichter gewesen sein, wie die Überreste von *Lucy* belegen.
Die Hirnschädelkapazität liegt wie beim Schimpansen bei 370-485 ccm und auch die Merkmale des Gesichtschädels sind wie bei A. anamensis menschenaffenähnlich. Das postkraniale Skelett hat einen widersprüchlichen Befund, denn die Proportionen der Extremitäten, die kraniale Lage der Schultergelenkgrube, die Form des Brustkorbs und der Rippen, sowie Lage und Orientierung der Muskelansätze am proximalen Humerus sind panin. Jedoch fehlen anatomische Anpassungen an den Knöchelgang. Als starker Hinweis auf bidepe Lokomotion dienen das menschenähnliche Becken und die typische Lendenlordose (Henke, Rothe 1998b; Knußmann 1996b).
Beim Vergleich der Abdrücke, die von den Fußspuren im vulkanischen Gestein hinterlassen wurden, ist ersichtlich, dass der Fußwurzel-Anteil weniger als 50% betrug, die Zehenlänge jedoch länger ist. Daraus kann geschlossen werden, dass *A.afarensis* zwar schon auf zwei Beinen gehen konnte, sich aber genauso gut noch tetraped und kletternd durch Bäume bewegen konnte. Zum Vergleich: Beim heutigen erwachsenen Menschen beträgt der Fußwurzelanteil 50%, um das Körpergewicht gut ableiten zu können, Mittelfuß und Zehen betragen je 25% (nach Mitschrift VO Hominidenevolution WS06/07). Der aufrechte Gang war paradoxerweise jedoch weniger stark ausgeprägt als bei A. anamensis (Willig, 2007a).

Ökologie:
A. afarensis dürfte auch wie A. anamensis ein Waldbewohner gewesen sein, der im Grabenbruch des östlichen Afrika beheimatet war und auch schon die Verbindung zu offenen Landschaften und den Uferzonen der Seen suchte. Durch die Einsenkung des Grabenbruchs vor 20 bis 5 Millionen Jahren und der Bergketten am Rande bildete sich hier ein ausreichend beregnetes Gebiet, das durch die westlichen Winde gespeist wurde (Schrenk, 1998).

Australopithecus africanus

Funde:
A.africanus ist die erstentdeckte Australopithecinen-Spezies. 1924 wurden von einem Steinbrucharbeiter im südafrikanischen Taung Schädelreste entdeckt, die dann 1925 von Raymond Dart wissenschaftlich beschrieben wurden. Diese bestehen aus einem vollständigen Steinkernausgusses des Endocraniums, gut erhaltenen Milchzähnen und Fragmenten des Viszerocraniums. Aufgrund der Bezahnung und des Verhältnisses Viszerocranium/Endocraniums wurde das Individuum als 2-3 jähriges Kind beschrieben, das vermutlich von einem Raubvogel getötet wurde. Anzeichen dafür sind Löcher in der Schädeldecke. Weitere gut erhaltene Funde stammen aus Sterkfontein, darunter der besterhaltenste Schädel der Australopithecinen (1936 von Robert Broom als *Mrs. Ples* bzw. STs5 beschrieben), und kraniale/postkraniale Reste von über 48 Individuen sowie aus Makapansgat. 1967 entdeckten Broom und Robinson in Sterkfontein ein postkraniales Skelett, das 6 Lendenwirbel, eine seltene anatomische Varietät, enthält. Die Fossilien stammen aus einem Zeitraum von vor 3 bis 2 Millionen Jahren (Knußmann 1996a, Meister 1998a).
Morphologie:
A. africanus wurde bis 140 cm groß und etwa 30 bis 60 kg schwer. Die bereits bei A. anamensis beschriebenen Merkmale sind hier deutlich in hominine Richtung weiterentwickelt. Die Hirnschädelkapazität liegt in einem Bereich von 430 bis 520 ccm, aber durchschnittlich bei 440 ccm , das entspricht gegenüber A. afarensis eine Zunahme von 10%. Das Stirnbein (Os frontale) ist stärker gewölbt, aber noch schwächer als bei *Homo*. Des weiteren liegt die Ansatzstelle für die Nackenmuskeln (Planum nuchae) liegt weiter unten, die für die Schläfenmuskeln (Planum temporale) weiter lateral. Das Hinterhauptsloch (Foramen magnum) liegt noch ein wenig weiter ventral und die Prognathie des Viszerocranium ist weniger ausgeprägt. Der Unterkiefer (Corpus mandibulae) ist deutlich robuster, das Jochbein (Os zygomaticus) ist stärker ausgeprägt und höckerartig vorgewölbt. Der Zahnapparat weist durch kleine Schneide- und Eckzähne, aber große Molaren und Prämolaren Anpassungen auf spezifische Kauanpassungen hin, höchstwahrscheinlich harte Pflanzenkost. Das postkraniale Skelett belegt eindeutig die bipede Lokomotion, obwohl die Arme im Verhältnis zu den Beinen ziemlich lang sind, Strukturen wie Schulterblatt, Becken und Brustkorb sind jedoch mehr menschenaffenähnlich und deuten auf suspensorische Lokomotion hin (Henke, Rothe 1998c, Meister 1998a, Willig 2007b).
Ökologie:
Im Gegensatz zu den älteren Spezies wurden Fossilien von A. africanus nur in Südafrika gefunden. Folgende These dazu scheint plausibel: Aufgrund des relativ warmen und feuchten Klimas vor 3 Millionen Jahren scheinen Süd- und Ostafrika durch eine bewaldete Zone wie ein Korridor verbunden gewesen zu. Während Ostafrika zunehmend trockener wurde, breitete eine Teilpopulation von A. afarensis in Richtung Süden aus und entwickelte sich in Folge von Spezialisierung und eingeschränkter Gendrift als eigenständige Spezies A. africanus (Schrenk, 1998a). Als Konsequenz des Nahrungsangebotes entwickelte sie bereits Anpassungen an härtere Pflanzenkost.

Australopithecus bahrelghazali

Funde:
1995 wurden von Michel Brunet in einem alten Flussbett des Bahr el Ghazal (Gazellenfluss) im Tschad ein Unterkiefer mit 7 Zähnen gefunden. Das Besondere an dem Fund ist sein Alter und sein Fundort. Mit einem Alter von 3,5 bis 3,0 Millionen Jahren fällt er in die Zeit von A. afarensis. 2.500 Kilometer westlich vom ostafrikanischen Grabenbruch ist er bis dato der einzige Australopithecus-Fund, der nicht in Süd- oder Ostafrika entdeckt wurde (Willig, 2007c)

Morphologie und Ökologie:
Es können wenige deutliche Aussagen gemacht werden. Bekannt ist, dass der Gesichtsschädel wesentlich orthognather war als bei rezent lebenden Australopithecinen. Auch die Einteilung in eine eigene Spezies ist umstritten, da zwar Ähnlichkeiten, aber auch Unterschiede zu A. afarensis vorhanden sind (Willig, 2007b).
Die rationalste Einstufung wäre daher, A. bahrelghazali wie A. africanus als eine Teilpopulation vom ursprünglichen A. afarensis anzusehen, der sich in den Westen ausbreitete und dort ausstarb oder wieder nach Ostafrika wanderte. Aussagen darüber, welche Stellung dieser Zweig im Hominidenstammbaum hat, können wohl erst nach weiteren Funden getroffen werden (Willig, 2007c).

Australopithecus garhi

Funde:
Von 1997 bis 1999 hat ein internationales Forscherteam in Hata/Äthiopien aus einer 2,5 Millionen Jahre alten Sedimentschicht einzelne Fragmente des Schädels, Gebisses und Langknochen zutage gefördert und diese einer neuen Art namens A. garhi zugeordnet (*garhi* bedeutet *Überraschung*). Die Überraschung lag in der selben Schicht in Form von primitiven Steinwerkzeugen sowie Knochen von rinder- und schweineartigen Tieren (Willig, 2007d).

Morphologie:
Über Größe, Gewicht und Körperform können wenig Aussagen gemacht werden, da nur Bruchstücke von Armen und Beinen gefunden wurden. Ober- und Unterarm sind affenähnlicher, die Proportionen von Arm und Bein sind menschenähnlicher. Die extreme Größe der hinteren Zähne lässt bereits auf einen Übergang zu den robusten Australopithecinen schließen. A. garhi hat mehr Ähnlichkeit mit der Gattung Homo als jeder andere Australopithecine (Willig, 2007d).

Ökologie:
Die gefundenen Steinwerkzeuge und künstlich manipulierten Tierknochen lassen darauf schließen, dass sich A. garhi von großen Tieren ernährt haben könnte, die er zerlegte und sich Zugang zum Knochenmark beschaffte (Willig, 2007d). Der aufrechte Gang, die daraus resultierende Freiwerdung der Hände und der Gebrauch von Steinwerkzeugen sowie die hochwertige Mischkost aus Protein und Pflanzennahrung könnte einen weiteren Schritt zur Zunahme des Hirnvolumens bedeutet haben.

Paranthropus aethiopicus

Funde:
Das erste Fundstück war eine zahnlose Mandibula, die von einem Team unter Camille Arambourg und Yves Coppens 1967 in Südäthiopien westlich des Flusses Omo gefunden wurde (Omo 18-1967-18). Mit seinem Alter von 2,5 Millionen Jahren und seiner V-Form setzt er sich von den früheren ostafrikanischen Australopithecinen ab, weshalb er zunächst als neue Art *Paraustralopithecus aethiopicus* vorgestellt wurde. 1986 wurde der *Black Skull* (KNM-WT 17000) in einer ebenfalls 2,5 Millionen Jahre alten Ablagerungsschicht in Kenia westlich des Turkanasees entdeckt. Hierbei handelt es sich um einen fast kompletten Schädel ohne Unterkiefer, dessen schwarze Farbe durch Einlagerung manganhaltiger Mineralien während des Fossilisationsprozesses entstand (Willig, 2007e). Weitere Funde bestehen aus kraniodentalen Fossilien aus Omo, die alle zwischen 2,6 bis 2,3 Millionen Jahren datieren.

Morphologie:
Gegenüber den grazilen Australopithecinen gibt es hier vor allem am kranialen Skelett gravierende Abweichungen, daher wird der Paranthropus (Nebenmensch) in eine evolutionäre Seitenlinie gestellt. Am auffälligsten an P. aethiopicus ist der große knöcherne Scheitelkamm (Crista sagittalis), der dazu diente, die massiven Kau- und Schläfenmuskeln zu verankern. Ebenso ausgeprägt ist die alveolare Prognathie, eine relativ schwache Schädelbasiskrümmung, das eingedellte flache Mittelgesicht, die fliehende Stirn, die vorspringenden, nach vorn gerichteten Überaugenwülste und der in den Nasenboden übergehende nasoalveolare Clivus. Die Schneidezähne waren extrem reduziert im Vergleich zu den gewaltigen Backenzähnen, welche mit dickem Zahnschmelz überzogen waren. Da der vermutlich weibliche Mandibulaknochen Omo 18-1967-18 wesentlich kleiner als die übrigen Schädel ist, handelte es sich bei den robusten Australopithecinen wahrscheinlich um eine Spezies mit beträchtlichem Sexualdimorphismus. Die Hirnschädelkapazität ist mit 410 ccm ebenfalls verhältnismäßig klein. Das Viszerocranium ist somit im Vergleich zum Neurocranium größer als bei den grazilen Formen. Über die Körpergestalt ist wenig bekannt, sie scheint aber in Bezug auf den Schädel ähnlich massig und robust gewesen zu sein. Insgesamt stellt P. aethiopicus eine Kombination aus Merkmalen des A. afarensis und den späteren hyperrobusten Formen dar (Henke, Rothe 1998d, Willig 2007e).

Ökologie:
Der massive Kauapparat dieser Spezies deutet unzweifelhaft auf eine Adaption auf harte und zähe Pflanzenkost hin, z.B. Nüsse, Samen, Körner, Fasern. Auch P. aethiopicus scheint wie die älteren Australopithecinen vornehmlich in Umgebung des Omo im Afrikanischen Grabenbruch gelebt zu haben. Doch da Ostafrika vor 2,5 Millionen Jahren infolge des weltweiten Kälteeinbruchs zunehmend trockener wurde, ist anzunehmen, dass die Anatomie von P. aethiopicus eine Spezialisierung an das Nahrungsangebot in der Grassavanne spezialisierte. (Schrenk 1998a). Aufgrund seiner Kleinhirnigkeit und dem geringen Brennwert der Nahrung scheint P. aethiopicus seine Zeit hauptsächlich mit Futtersuche und Fressen verbracht zu haben.

<u>Paranthropus boisei</u>

Funde:
1959 fanden Mary und Louis Leakey nach 30 Jahren ergebnisloser Suche in der tansanischen Olduvai-Schlucht den als *OH5* berühmten Schädel. Der Anatom Philip Tobias veröffentlichte 1967 eine Monographie über den Fund, die als Meilenstein gilt.
Zuerst von Louis Leakey als *Titanohomo mirabilis* und später als Hommage an deren Geldgeber Charles Boise *Zinjanthropus boisei* genannt, wurde er nach weiteren derartigen Funden den Australopithecinen zugeordnet und auf 1,2 Millionen Jahre datiert. Über 100 Zähne und Kiefer sowie annähernd vollständige Schädel wurden bis dato in Kenia, Tansania und Äthiopien gefunden. Der älteste Fund, ein 2,3 Millionen Jahre altes Unterkieferbruchstück, wurde in Omo, Äthiopien gefunden, der jüngste, zwei 1,2 Millionen Jahre alte einzelne Zähne in der Olduvai-Schlucht (Henke, Rothe 1998e, Willig 2007f).

Morphologie:
P. boisei wurde etwa bis zu 140 cm groß und 40 bis 80 kg schwer. Doch anhand des einzigen postkranialen Fundes, ein bruchstückhaftes Femur, sind die Aussagen spekulativ. Gegenüber A. aethiopicus findet sich eine deutliche Weiterentwicklung in Richtung der hyperrobusten Merkmale. P. boisei besaß die größten Zähne aller jemals gefunden Hominiden, die ungefähr der Zahngröße eines Gorillas entsprechen, der angemerkt 10mal so schwer ist, wie P. boisei gewogen haben dürfte. Die Frontzähne sind im Gegensatz zu den Molaren und Prämolaren, welche eine Kaufläche von 800 mm² aufbringen, verkleinert. Der Unterkieferast (Ramus mandibulae) ist verlängert und der Unterkieferkörper (Corpus mandibulae) zehnmal so dick wie beim *Homo sapiens*.

Die Jochbeine (Ossa zygomatica) sind extrem stark ausgehenkelt, der Ursprung des Kaumuskels (Musculus masseter) somit nach lateral verlagert. Insgesamt ist der Kieferapparat zurückversetzt und unter den Hirnschädel verlagert, sodaß die Kaumuskeln stärkere senkrechte Kräfte ausüben konnten. Die Prognathie ist weniger stark ausgeprägt als bei P. aethiopicus, der Gesichtsschädel stark eingedellt und heftet hoch am Hirnschädel an. Die Kapazität des Hirnschädels ist mit 500-530 ccm deutlich größer als bei P. aethiopicus, die Größe der Crista sagittalis hat abgenommen. Diese Spezies besaß einen stark ausgeprägten Sexualdimorphismus mit kleineren, aber genauso robusten Weibchen (Henke, Rothe 1998e, Willig 2007f).

Ökologie:
P. boisei hat den Spitznamen *Nussknacker-Mensch* erhalten und hat die nahrungsspezifische Adaption seines Vorfahren P. aethiopicus noch weiter perfektioniert. Doch aufgrund seiner Überspezialisierung dürfte P. boisei mit den klimatischen Veränderungen vor zwei Millionen Jahren, als wieder wärmer und feuchter wurde und die tropische Vegetation sich wieder ausbreitete, nicht fertig geworden sein und starb aus (Schrenk 1998a).

Paranthropus robustus

Funde:
Im Gegensatz zu den obigen Paranthropus-Spezies wurde von dieser bisher nur Material in Südafrika gefunden. Der Holotypus wurde vom Schuljungen Gert Terblanche 1938 in einem Steinbruch in Kroomdraai gefunden und von Robert Broom klassifiziert. Weitere Funde stammen aus Drimolen und Swartkrans. Die Funde aus Swartkrans werden von einigen Wissenschaftlern als eigene Spezies P. crassidens etabliert. Die Altersangaben datieren auf 2,0-1,6 Millionen Jahren (Henke, Rothe 1998f, Wikipedia 2007d).

Morphologie:
Größe und Gewicht werden auf 110 bis 160cm und 32 bis 65 kg geschätzt. Wie P.boisei gilt auch P. robustus als hyperrobuster Australopithecine. Das Cranium ist ähnlich wie bei P. aethiopicus und boisei durch kraniodentale Anpassungen gezeichnet und äußerst robust. Die Crista sagittalis ist jedoch weniger stark ausgeprägt, auch der Jochbeinhöcker ist weniger weit ausladend. Die postcanine Kaufläche ist mit 588 mm² deutlich geringer als bei P. boisei. Die durchschnittliche Hirnschädelkapazität beträgt ca. 530ccm, allometrisch gesehen immer noch kleinhirnig. Die wenigen postkranialen Reste weisen Ähnlichkeit zu den grazilen Formen A. africanus und afarensis auf, hinsichtlich der Speiche (Radius) sowie des kleinen Femurkopfes und langen Femurhalses. Ein starker Sexualdimorphismus dürfte auch hier vorgeherrscht haben (Henke, Rothe 1998f).

Ökologie:
Eine Untersuchung der Zähne von Funden aus Swartkrans mittels Laserablation brachte zutage, dass P. robustus jahreszeitlich wechselnde Nahrung zu sich genommen hatte, teils weiche, teils harte Kost. Das spricht für eine weit weniger strenge Spezialisierung als angenommen (Wikipedia, 2007d). Auch dürfte P. robustus an das Savannenleben angepasst gewesen sein, und ebenso an den Klimaveränderungen wieder zugrunde gegangen sein. Hinsichtlich des Verbreitungsgebietes gibt es einige Hypothesen: Entweder könnte sich eine Gruppe aus P.aethiopicus oder P.boisei abgetrennt haben, nach Süden gewandert sein und sich dort infolge morphologischer Barrieren zu einer neuen Art gebildet haben. Oder es könnte sich eine Parallelentwicklung in Süd- und Ostafrika vollzogen haben, indem sich in Südafrika aus A. africanus P. robustus und in Ostafrika aus P. aethiopicus P. boisei gebildet haben (nach Mitschrift VO Hominidenevolution WS06/07; Frenz 1998a). Während jedoch dieser Seitenzweig der Australopithecinen ausstarb, entwickelte sich ein anderer zur Gattung *Homo*.

• **Out of Africa versus multi origin/ Homo erectus-Homo ergaster**

<u>Homo erectus/ergaster</u>

Funde:
Zeitlich und räumlich parallel zu den robusten Australopithecinen existierten bereits die ersten Vertreter der Gattung Homo, also in Ostafrika vor etwa 2,5 Millionen Jahren. Diese als Homo rudolfensis bezeichneten Urmenschen waren die unmittelbaren Vorfahren des aufrecht gehenden Menschen, Homo erectus, der bereits eine deutlich höhere Evolutionsstufe repräsentiert und später nahtlos in den archaischen Homo sapiens oder Homo heidelbergensis übergeht (Knußmann, 1996d). Von Homo erectus existieren nicht nur eine Fülle an Funden in Ost-, Zentral und Nordwestafrika, sondern er ist auch der erste Hominide, der Afrika verlassen hat. So gibt es eine große Anzahl an Fossilien aus Asien, insbesondere aus Java und China aber auch in Nahost wie Georgien und Israel sowie aus Europa. In Java wurde auch das erste Fossil dieser Gattung, ein Unterkieferfragment, von Eugene Dubois im Jahr 1890/91 entdeckt, der den Fund *Pithecanthropus erectus* nannte, der er ihn für den Missing Link zwischen Mensch und Affe hielt (Meister, 1998a). Eine verhältnismäßig große Anzahl an kranialen wie postkranialen Resten konnten Homo erectus zugeordnet werden. Die ältesten afrikanischen Funde sind auf 1,9 Millionen Jahre datiert und stammen vom Turkanasee in Kenia, die ältesten asiatischen Funde sind 1,8 Millionen Jahre alt und stammen aus Java (Bräuer, Kälke 2000). Da hier nur ein Zeitintervall von 100.000 Jahren vorliegt, muss Homo erectus Afrika schon sehr früh verlassen haben. Die lange Zeit ältesten europäischen Knochen stammen aus Mauer bei Heidelberg und sind 600.000 Jahre alt. Dies führte zu der Bezeichnung Homo heidelbergensis, doch es scheint sich hierbei weniger um eine eigene Art als um eine Übergangsform vom Homo erectus zum archaischen Homo sapiens zu handeln (Knußmann, 1996d). In Atapuerca in Nordspanien wurden jedoch noch älteres Material gefunden, das 780.000 Jahre alt ist und zu der Bezeichnung Homo antecessor führte. In Südostasien war er noch bis vor 40.000 Jahren existent. Während in Afrika Funde vor 1,4 Millionen Jahre die Acheuleen-Industrie, also symmetrische und sorgfältig bearbeitete Waffen und Werkzeuge und sogar den Gebrauch des Feuers belegen, sind in Asien noch keinerlei derartige Funde bekannt. Auch das spricht für ein extrem frühzeitiges Auswandern aus Afrika, was dann zu einer evolutiven Sackgasse in den ausserafrikanischen Gebieten führte (Bräuer, Kälke 2000). Ein wesentliches Problem bei dieser Rekonstruktion ist der Mangel an Fossilien in tropischen Wäldern wie in Südostasien, denn im sauren und feuchten Boden zersetzen sich Knochen viel schneller (Meister, 1998a).

Morphologie:
Homo erectus wurde bis zu 180cm groß, 65 kg schwer und erreichte ein Hirnvolumen von 750 bis 1250 ccm. Im Vergleich zu seinem Prototyp Homo rudolfensis haben sich die Körpermerkmale bereits deutlicher in Richtung Homo sapiens weiterentwickelt. Dazu zählen die Zunahme der Hirnschädelkapazität, die Perfektion des aufrechten Gangs durch die tiefere Lage des Foramen magnum und der veränderten Arm/Bein-Proportionen, die deutlichere Schädelbasisknickung, die Reduzierung der Molaren, der Bau des Kiefergelenkes und die rundlichere Form des Unterkiefers. Der Schädel ist langgestreckt mit vergleichsweise niedriger Stirn. Die Überaugenwülste sind kräftig und vorstehend, das Gesicht ist groß, massiv und flach, besitzt aber eine ausgeprägte alveolare Prognathie, die Interorbitalbreite ist groß und die Jochbeinbögen wieder stark reduziert. Zwischen den afrikanischen und den asiatischen Vertreten liegt in einigen Merkmalen ein deutlicher Kontrast vor, was die Wissenschaftler veranlasste, die afrikanischen Exemplare mit dem Beinamen *ergaster* (=geschickt, was sich auf die Acheuleen-Funde bezieht) zu versehen und die asiatischen als Homo erectus zu belassen.
Demzufolge ist H. erectus deutlich robuster und ursprünglicher gebaut, während H. ergaster grazier, schlanker und wie die heutigen Afrikaner gut ans Savannenleben

angepasst schien. Im Vergleich weist die asiatische Form einen massiveren
Überaugenwulst, ein größeres Hirnvolumen, einen größeren und robusteren Unterkiefer
und einen stärkeren Nackenwulst auf als die afrikanische (Henke, Rothe 1998g,
Knußmann 1996e). Der postkraniale Befund lässt sich aus dem einzigen, fast
vollständigen Skelett aus Ostafrika, dem 1984 gefundenen und 1,6 Millionen Jahre alten
Turkana-Jungen belegen. Sie sprechen für völlige Anpassung an den aufrechten Gang,
sind sehr robust und mit starken Muskelmarken versehen. Das Skelett des Jungen ist
165cm groß, als Erwachsener dürfte er daher bis 180 cm groß geworden und mit langen,
schlanken Extremitäten versehen gewesen sein (Knußmann, 1996e).

Ökologie:
Homo erectus/ergaster lebte parallel mit mindestens zwei anderen Homininen, Homo
habilis und Paranthropus, in der ostafrikanischen Savanne. Während sich die
Paranthropus Gruppe auf das vegetarische Angebot in ihrer Umwelt spezialisierte, nutzte
H. erectus/ergaster das Fleischangebot von Wildtieren. Mit Holz- und Steinwerkzeugen
erlegte er diese, aus ihren Knochen formte er neue Geräte. Gleichzeitig entstand durch
Kombination mit Pflanzenkost die ersten Jäger-Sammler-Populationen. Durch den
Gebrauch des Feuers konnte er das Fleisch grillen und somit für eine qualitativere
Ernährung wie auch die Beherrschung von Licht und Wärme sorgen. Insgesamt dürfte er
dadurch gesteigerte intellektuelle Fähigkeiten erworben haben, die sich mit neuen
Erfindung wechselseitig bedingten. Über die Gründe des Auswanderns kann man
spekulieren, wahrscheinlich spielten Umwelteinflüsse und Anpassungen eine wesentliche
Rolle. Diese ersten Vorstöße in neue Erdteile spielen eine wesentliche Rolle in der Frage
nach dem Ursprung der heutigen Menschheit: Denn die beiden Theorien Out of Africa und
Multi Origin spalten die Paläoanthropologen seit langem in zwei unversönliche Lager.
Denn beide postulieren jeweils unterschiedliche Modelle über die Herkunft und
Entstehung des modernen Menschen. Die Out-of-Africa Hypothese besagt, dass der
Homo sapiens vor ca. 150.000 Jahren Afrika verlassen und sich über die ganze Welt
ausgebreitet hat, nachdem es bereits vor ihm durch Homo erectus zu mehreren
Ausbreitungswellen aus Afrika gekommen ist. Die multiregionale These wiederum spricht
sich für eine Evolution des heutigen Menschen aus ebendiesen regionalen Homo erectus
Populationen aus. Dabei dürfte es zu unterschiedlich intensivem Genaustausch
gekommen sein. Um beiden Theorien Raum für ihre Argumente zu geben, werde ich sie
nun separat ausführen.

<u>Out of Africa Theorie</u>

Nach dieser Theorie verließ eine afrikanische Population von Homo sapiens sapiens vor
etwa 200-150.000 Jahren oder jünger (wobei Aussagen von 50.000 Jahren
unwahrscheinlich sind, da die ältesten Funde des Homo sapiens ausserhalb Afrikas
100.000 Jahre alt sind) Afrika, und bildete so die Gründerpopulation aller heutigen
lebenden Menschen (Wikipedia, 2007f). Doch im Gegensatz zu den ersten
Auswanderungswellen des Homo erectus, die bereits vor 1,8 Millionen Jahren
stattfanden, stießen sie nicht in menschenleere Gebiete vor. Asien war zu dieser Zeit von
Nachfahren des Homo erectus bewohnt, Europa vom Neandertaler, ebenso ein
Nachfahre des europäischen Homo erectus (Willig, 2007g).
Über die Frage, was mit diesen Gründerpopulationen geschehen ist kann man nur
spekulieren. Entweder sie paarten sich mit den Einwanderern und trugen so einen Teil
zum heutigen Genpool bei, oder wurden durch kriegerische Auseinandersetzungen
ausgerottet bzw. im Kampf um Anpassung und Ressourcen verdängt, was mehr im Sinne
der Out-of-Africa Anhänger ist. Möglich wäre auch eine Kombination dieser
Einzelszenarien gewesen, die in den einzelnen Erdteilen unterschiedlich verliefen. Es gibt
jedenfalls Fakten zuhauf, die für die Out-of-Africa Hypothese sprechen:
Eine kontinuierliche Entwicklung in Asien vom Homo erectus zum Homo sapiens scheint
unwahrscheinlich, da die morphologische Kluft zwischen ersterem, der immerhin noch vor
40.000 Jahren in Java gelebt haben soll, und letzterem viel zu groß und die evolutive

Zeitspanne zu kurz ist. Der moderne Mensch lebte schließlich schon zur gleichen Zeit in Australien und Borneo (Bräuer, Kälke, 2000).

Ein morphologischer Vergleich zwischen rezenten Chinesen, Afrikanern, 20.000 Jahre alten Knochen von Europäern und Afrikanern und dem Homo pekinensis (ein 500.000 Jahre alter Homo erectus Schädel, der in der Nähe Pekings gefunden wurde) kam zu dem Ergebnis, dass die heutigen Chinesen den archaischen Europäern und Afrikanern um vieles ähnlicher sind als den chinesischen Funden. Auch das spricht für die Out-of Africa Theorie (Bräuer, Kälke 2000).

Eine molekulargenetische Untersuchung von Rebecca Cann und Allan Wilson von der University of Berkeley aus dem Jahr 1987 ergab, dass unser letzter gemeinsame Vorfahre vor ungefähr 200.000 Jahren in Afrika lebte. Hierbei handelt es sich um eine Population, die sogenannte *Mitochondriale Eva*, die sich in 2 Zweige aufspaltete. Einer enthält nur afrikanische Populationen, der andere Afrikaner und den Rest der Menschheit. Die Kontinente wurden dabei in mehreren Wellen besiedelt, wobei es zu Vermischungen zwischen den Gruppen kam. Das Experiment wurde durchgeführt mit 147 Probanden (20 Afrikaner, 34 Asiaten, 46 Kaukasier, 21 australische Ureinwohner, 26 Ureinwohner Papua-Neuguineas), dabei wurde der Fragmentlängenpolymorphismus der mitochondrialen DNS bestimmt. Mitochondriale DNS eignet sich wegen ihrer hohen Mutationsrate besonders gut für Abstammungsgutachten, allerdings kann aufgrund der rein maternalen Vererbung nur die mütterliche Linie untersucht werden. Es gab auch genügend Kritik an der Untersuchung, insbesondere wegen der niedrigen Anzahl an Probanden, der ungenauen Stichprobe und der verwendeten Methodik. Außerdem verläuft die Mutationsrate der Mitochondrien DNS nicht in konstanten Abständen, so dass Schwierigkeiten bei der Ermittlung des Abspaltungszeitraumes auftreten. So schwanken die Aussagen darüber, wann die mitochondriale Eva gelebt haben könnte von 120-150.000, 200.000 oder gar 850.000 Jahren vor unserer Zeit, je nach Schätzung der mittleren Mutationsrate pro Million Jahr. Was aber definitiv für die Out-of-Africa These spricht, ist, dass die größte genetische Bandbreite von Mitochondrien DNS und Mikrosatelliten in afrikanischen Populationen liegt. Auch genetische Vergleiche von heutigen Menschen, Neandertaler und Schimpansen erbrachten, dass eine Abspaltung des Neandertalers vor etwa 650-500.000 Jahren erfolgte, dass dieser nicht am heutigen humanen Genpool beteiligt ist und vom später aus Afrika einwandernden Homo sapiens sapiens verdrängt wurde. Andere Untersuchungen wiederum haben ergeben, dass ein kleiner Teil Menschen mehr Ähnlichkeiten zum Neandertaler als zu anderen Menschen aufweise, es hier also in geringem Ausmaß zu einer Vermischung kam und es keine Reproduktionsbarriere zwischen diesen Arten (oder Unterarten) gab (Barriel, 2000).

Multi Orgin / Multiregionale Hypothese

Die Anhänger dieser Evolutionstheorie gehen davon aus, dass der anatomisch moderne Mensch nicht von afrikanischen Welteroberern abstammt, sondern sich aus den Nachkommen des Homo erectus, der ja in den ersten Ausbreitungswellen Europa, Ost- und Südasien besiedelte, durch regen und kontinuierlichen Genaustausch zwischen neuen Einwanderern aus verschiedenen Erdteilen entwickelte und es so zur heutigen Diversität an anatomischen Merkmalen zwischen den Völkern kam. Der heutige Mensch sei ihrer Meinung nach zu verschieden, um von einer einzigen afrikanischen Population abzustammen (Willig, 2007g). Doch auch die multiregionale Theorie wird von wissenschaftlichen Studien und Erkenntnissen unterstützt. So führten die Anthropologen Wilfried Wolpoff und Ann Arbor von der University of Michigan einen morphologischen Vergleich von 13-30.000 Jahre alten Schädeln aus Tschechien und Australien mit älteren regionalen Modellen (Europa: Neandertaler, Asien: Java-Mensch) und jüngeren aus Afrika und Nahost durch. Dabei verglichen sie 30 Schädelmerkmale miteinander. Die Ähnlichkeit der modernen Schädel mit den urtümlichen war dabei stets mindestens so groß wie mit den afrikanischen. So offenbart ein tschechisches Modell, Mladec 6, zu den Neandertalern eine größere Ähnlichkeit als zu den modernen Homo-Formen (7,8 zu 11,6 Differenzen). Der australische Schädel hat zu den javanischen Exemplaren (3,7 Differenzen) eine viel größere Ähnlichkeit als zu denen aus Nahost (7,3 Differenzen) und Afrika (9,3

Differenzen). Für die Forscher ist somit erwiesen, dass die heutige Menschheit nicht allein aus Afrika stammen kann, sondern durch Vermischung der archaischen Bevölkerung mit afrikanischen Einwanderern entstand (Engeln, 2004).

Ein weitere Studie von Wolpoff mit Alan G. Thorne an den Schädeln der Java-Menschen stellte fest, dass deren urtümliche, robuste Merkmale - mächtige, durchgehende Überaugenwülste, ein Knochenwulst am unteren Rand der Augenhöhlen, eine charakteristische Knochenleiste auf den Wangenbeinen sowie ein sanft ansteigender Nasenboden – mindestens 700.000 Jahre unverändert blieb, während in jener Gegend bereits moderne Merkmale weiterentwickelt wurde (Willig, 2007g). Das spricht für eine Vermischung einer Teilpopulation, während eine andere Teilpopulation isoliert blieb. 1994 fand man in Jinniushan in Nordchina einen 200.000 Jahre Schädel, der archaische und moderne Merkmale vereint. Er weist sowohl kräftige Überaugenwülste wie auch ein Hirnvolumen von 1400 ccm und eine grazile Form auf In der Biologie ist bekannt, dass man gerade unter diesen Bedingungen sorgfältig mit dem Artbegriff umgehen sollte. (Willig, 2007g).

Der österreichische Anthropologie Robert G. Bednarik, der ein Verfechter des multiregionalen Modells ist, meint dazu: „Tierarten verdrängen einander zwar häufig gegenseitig, aber nicht in einem derart riesigen Raum und ganz unabhängig von den jeweiligen Umweltbedingungen: Die afrikanischen Auswanderer sollen im kalten Norden ja über Menschenformen triumphiert haben, die an die dortigen Klimaverhältnisse sicher viel besser angepasst waren als sie selbst" (Willig, 2007g). Ausserdem gelang es bisher keiner einzigen Menschengruppe sich auf einem Kontinent oder dem Erdball als vorherrschende Bevölkerung zu etablieren (Willig, 2007g). Auch eine genetische Studie wurde durchgeführt, um die Out-of-Africa Theorie zu widerlegen. Durch Zurückverfolgung des Y-Chromosoms, das rein väterlich vererbt wird, konnte der letzte gemeinsame Vorfahr aller heutigen Männer ermittelt werden, und der lebte demnach vor 59.000 Jahren. Somit wäre er viel jünger als die mitochondriale Eva. Das Hauptproblem an dieser Untersuchung ist aber, dass Zellkern DNS für Abstammungsgutachten viel weniger geeignet ist als Mitochondrien DNS (Engeln, 2004). Die Studie ist folglich wenig aussagekräftig. Beide Theorien haben ihre Beweise, die sie für sich nutzen. Die Out-of-Africa Theorie stützt sich eher auf genetische Daten, das multiregionale Modell eher auf morphologische Befunde. Für mich persönlich ist ein Kompromiss der beiden Modelle die wahrscheinlichste Variante, also dass unsere mitochondriale Eva wohl in Afrika lebte, es weltweit aber durchaus zu den Vermischungen kam. Doch was das betrifft, scheint das letzte Wort noch lange nicht gesprochen worden zu sein.

• Gibt es Homo habilis tatsächlich?

Lange Zeit galt *Homo habilis*, der befähigte Mensch, als der älteste Vertreter der Unterfamilie der Homininen, vor allem aufgrund seiner den Australopithecinen gegenüber gesteigerten Hirnschädelkapazität. Doch aufgrund der jüngeren Erkenntnisse ist seine Zuordnung zum Homo genauso wenig eindeutig wie die zum Australopithecus.

Die Hirnkapazität ist deutlich gestiegen, sie beträgt 510 bis 770 ccm und im Mittel 640 ccm. Damit liegt sie zwischen Australopithecus und den späteren Homininen, für einen „Echten" Homo ist sie jedoch etwas klein (nach Henke, Rothe 1998h). Der Anstieg der Stirn variiert von einem Ausmaß, das sich von dem von A. *africanus* kaum unterscheidet, bis zu einer deutlicheren Steilheit. Die Frontal- und Parietallappen sind vergrößert und auch die Windungsmuster der Großhirnrinde sind menschenähnlicher. Der gesamte Hirnschädel ist insgesamt mehr gerundet als bei Australopithecus. Der Gesichtsschädel ist kleiner, weniger prognath und mehr unter den Hirnschädel zurückgezogen als bei den Australopithecinen, eine alveolare Prognathie ist aber noch vorhanden. Die Molaren sind reduziert, die Schneidezähne vergrößert, der Zahnbogen parabolisch. Der Oberkiefer ist relativ klein, die Jochbeinbögen sind weniger ausladend als bei den Vorfahren und auch die Marken für die Kau- und Schläfenmuskeln schwach ausgeprägt. Die Schädelbasis ist kürzer, und das Foramen magnum hat eine zentralere Lage unter dem Hirnschädel eingenommen. Auch der Kehlkopf hat sich schon weiter nach unten verlagert, wodurch

die Möglichkeit zur Sprache anatomisch schon vorhanden war. Feinteile des Postkraniums wie das Fußskelett, die Finger und das Schlüsselbein haben weisen schon Merkmale des Homo sapiens auf (nach Henke, Rothe, 1998i; Knußmann, 1996f).
1960 wurde von Jonathan Leakey in der Olduvai-Schlucht die ersten *Homo habilis*-Knochen gefunden, die noch dazu in der selben Ablagerungsschicht wie OH7, ein *Paranthropus*-Schädel, lagen. Dabei handelte es sich um Schädelknochen und Unterkiefer, die vergleichsweise wenig robust waren und Handknochen. Diesen Stücken sprach man eine Verbindung zu Geröllwerkzeugen zu, die Jahrzehnte zuvor in der Olduvai-Schlucht gefunden wurden (Willig, 2007h). Alle bisherigen Fossilien stammen aus Süd- und Ostafrika, darunter Swartkrans und Sterkfontein, Fundstätten von A. africanus und P. robustus. Auch in Israel und Java wurden Knochen gefunden, die mit H. habilis in Verbindung gebracht wurden, aber aufgrund ihrer schwachen Aussagekraft die Annahme, dass schon H. habilis aus Afrika ausgewandert sein könnte, nicht stützen können. Fossilen nördlich des Omo wurden zuerst H. habilis, später dann A. afarensis zugeordnet (nach Henke, Rothe, 1998i). Ein 1,8 Millionen Jahre alter, fast kompletter Schädel, genannt *Twiggy* (OH24), und Reste von Unterkiefern, Schädelteilen, Zähnen und Skelettpartien wurden H. habilis zugeordnet und sind mehr homininen- denn australo-pithecinenartig. 1986 setzte Tim White die Einzelteile eines weiblichen *Homo habilis*-Skeletts (OH62) zusammen. Das postkraniale Skelett weist verhältnismäßig kurze Beine und lange Arme auf, die in dieser Form den Australopithecinen deutlich ähnlicher sind als den Homininen (nach Willig, 2007h). Aus heutiger Sicht ist dieses Postkranium nicht zum Genus Homo zugehörig. Der Paläonathropologe Richard Leakey machte 1972 in Koobi Fora, Kenia den sensationellen Schädelfund KNM-ER 1470, der 1,8 Millionen Jahre alt ist und schon ein Hirnvolumen von 775 ccm besaß, also schon viel mehr als H. habilis zur selben Zeit. Dieser neue Hominid wurde später von V.P. Alexeev *Homo rudolfensis* (nach dem früheren Namen des Turkanasees) genannt und trat schon vor H. *habilis* auf, vor 2,5 Millionen Jahren, während die ältesten Funde von H. *habilis* auf 2,1 Millionen Jahre datiert sind (nach Willig, 2007h). Somit lebten zur selben Zeit mindestens drei Hominiden in Ostafrika, *P.boisei*, H. *habilis* und H. *rudolfensis*. *Homo rudolfensis* ist größer, robuster und deutlich homininer gebaut als H. *habilis*, und auch sein absolutes und relatives Hirnvolumen gleicht bereits dem von H. *ergaster* (nach Henke, Rothe, 1988i). Somit ist nach heutiger Ansicht H. *rudolfensis* der erste „richtige" *Homo* und somit direkter Vorfahr von *H.ergaster/erectus* und nicht H. *habilis*. Auch die Geröllwerkzeuge aus der Olduvai-Schlucht könnten von H. *rudolfensis* stammen. Das Verwirrende an dieser Klassifikation ist die Vermischung urtümlicher und fortgeschrittener Merkmale bei beiden Arten: Während H. *habilis* ein fortschrittlicheres Gebiß, aber ein menschenaffenähnlicheres Postkranium aufweist, besitzt H. *rudolfensis* quasi umgekehrt ein urtümliches und robusteres Gebiss, aber einen menschenähnlichen Fortbewegeungsapparat (nach Willig, 2007h).

Bei der Frage nach der phylogenetischen Stellung ergeben sich folgende Möglichkeiten:
1) *Homo habilis* ist mit *Homo rudolfensis* nicht direkt verwandt und der südliche H. habilis leitet sich von *A. africanus*, der östliche von *A. afarensis* ab. Oder H. *habilis* entwickelte sich aus *A. afarensis* und wanderte von Osten wieder nach Süden.
2) *Homo habilis* ist ein Seitenzweig des *Homo rudolfensis*, der sich auf jeden Fall von *A. afarensis/africanus* entwickelte, und dann in einer evolutiven Sackgasse landete.
3) *Homo habilis* spaltete sich in *Homo rudolfensis* und *Homo ergaster* auf, wobei hier das Problem ist, dass H. rudolfensis den bisherigen Funden nach schon vor H. habilis auftrat (nach Henke, Rothe, 1998j; Meister, 1998a).

Allen H. *habilis* zugeordneten Funden gemeinsam ist, dass sie eine große Variationsbreite besitzen und gewisse Merkmale zwischen denen eines Homininen als auch Australopithecinen liegen. Es liegt an der Parametersetzung, um diese Spezies in ein Genus zu klassifizieren. Auch die Erklärung eines Sexualdimorphismus ist fragwürdig, da die Unterschiede hier sehr groß wären und sogar das Ausmaß eines Gorillas übertreffen (nach Henke, Rothe, 1998i). Vielleicht handelt es sich bei H. *habilis* um die grazilste

Nachfolgevariante der Australopithecus, die genauso wie die hyperrobusten Formen ausstarb, während der unspezialisierte *Homo rudolfensis* sich weiterentwickeln konnte.
Auf jeden Fall darf man sagen, dass *H. habilis* weder Homo noch Australopithecus ist, sondern am ehesten eine Übergangsform zwischen beiden.

• Überlegungen zum Homo antecessor

Das Taxon *Homo antecessor* („Vorfahren-Mensch") bezeichnet eine Vielzahl von Funden in Spanien, die entwicklungsgeschichtlich und morphologisch zwischen Homo erectus und dem früharchaischen Homo sapiens bzw. Homo heidelbergensis stehen und aufgrund ihrer anatomischen Eigenständigkeit als eigene Spezies klassifiziert wurden.
Homo heidelbergensis galt lange Zeit als der älteste europäische Homo, ist doch das Fundmaterial 500-600.000 Jahre alt und von Homo erectus waren in Europa bis zu den 1990er Jahren keine Überreste gefunden worden. Jedenfalls belegt H. heidelbergensis den Übergang zwischen H. erectus und H. neanderthalensis, die vor 100.000 bis 27.000 Jahren in Europa gelebt haben dürften (Willig, 2007i; Willig, 2007j). Doch mit den spanischen Fossilien tauchte neues Material auf, das deutlich älter ist. Die Sierra de Atapuerca hat zwei Höhlen, die Gran Dolina und die Sima des los Huemos (Willig, 2007k). 1992/93 später offenbarte sich nach einer Sprengung mit der Höhle Sima des los Huemos, übersetzt Knochengrube, in Atapuerca die reichhaltigste mittelpleistozäne Fundstätte. Entdeckt wurden bis dato nicht weniger als 1600 Skelettreste, darunter ein sehr gut erhaltenes Kranium und zwei Kalvarien, von mindestens 32 Individuen – 13 Jungerwachsene, 16 Jugendliche zwischen zwölf und 20 Jahren und drei Kinder unter zwölf Jahren. Alle Knochen des Skeletts sind hier vorhanden, sie umfassen 70% aller jemals gefundenen Knochen aus dem Pleistozän und sind allesamt um die 300.000 Jahre alt. Die Vermutungen, was die Knochengrube eigentlich darstellt, reichen von Verschleppungen durch Raubtiere bis zu Katastrophenszenarien, am wahrscheinlichsten jedoch scheint sie eine Leichengrube gewesen sein. Somit könnten diese Menschen die Totenbestattung bereits dem Neanderthaler vorweggenommen haben. (Henke, Rothe, 1998k; Willig, 2007k). 1994 wurden in Gran Dolina die mit 780.000 Jahren ältesten europäischen Hominidenfossilien entdeckt. Dabei handelt es sich um 36 Skelettreste von mindestens vier Individuen - zwei Erwachsene, ein Kind zwischen 13 und 15 Jahren und ein Kind zwischen drei und vier Jahren. Die Reste umfassen das Stirnbein, Ober- und Unterkiefer sowie Kerngeräte und Werkzeuge (Henke, Rothe, 1998k; Knußmann, 1996h).

Literaturverzeichnis:

Barriel Veronique, 2000: Spektrum der Wissenschaft, Dossier 3/2000
Die Evolution des Menschen, Der genetische Ursprung des modernen Menschen S. 80ff

Bräuer Günter, Kälke Marion, 2000: Spektrum der Wissenschaft, Dossier 3/2000
Die Evolution des Menschen, Interview mit Prof. Dr. Günter Bräuer, S.20f

Darwin, 1871: Charles Darwin, Die Abstammung des Menschen, 6. Kapitel:
Verwandtschaft und Stammbaum des Menschen, S. 202

Engeln, Henning 2004: Spektrum der Wissenschaft, Dossier 1/2004
Die Evolution des Menschen II, Das multiregionale Modell: Hat die Menschheit doch
mehrere Wurzeln? S 42f

Frenz Lothar 1998a: GEO Wissen – Die Evolution des Menschen
Die Etappen der Menschwerdung (S. 22f)

Henke Winfried, Rothe Hartmuth, 1998a: Stammesgeschichte des Menschen, Springer
1998, Kapitel 6.4.1., S.124ff

Henke Winfried, Rothe Hartmuth, 1998b: Stammesgeschichte des Menschen; Springer
1998, Kapitel 6.4.2., S.126ff

Henke Winfried, Rothe Hartmuth, 1998c: Stammesgeschichte des Menschen; Springer
1998, Kapitel 6.4.3., S.133f

Henke Winfried, Rothe Hartmuth, 1998d: Stammesgeschichte des Menschen; Springer
1998, Kapitel 6.4.6., Paranthropus aethiopicus, S.140f

Henke Winfried, Rothe Hartmuth, 1998e: Stammesgeschichte des Menschen; Springer
1998, Kapitel 6.4.5., Paranthropus boisei, S.138f

Henke Winfried, Rothe Hartmuth, 1998f: Stammesgeschichte des Menschen; Springer
1998, Kapitel 6.4.4., Paranthropus robustus (inkl. Paranthropus crassidens), S.135f

Henke Winfried, Rothe Hartmuth, 1998g: Stammesgeschichte des Menschen; Springer
1998, Kapitel 8.3., Morphologische Kennzeichnung von H. ergaster und H. erectus,
S.218ff

Henke Winfried, Rothe Hartmuth, 1998h: Stammesgeschichte des Menschen; Springer
1998, Kapitel 7.1 Fundsituation S.149f

Henke Winfried, Rothe Hartmuth, 1998i: Stammesgeschichte des Menschen; Springer
1998, Kapitel 7.2 Morphologische Kennzeichnung von H. habilis S.156ff

Henke Winfried, Rothe Hartmuth, 1998j: Stammesgeschichte des Menschen; Springer
1998, Kapitel 7.3, Phylogenetische Beziehungen, Abb. 7.6a, S. 177

Henke Winfried, Rothe Hartmuth, 1998k: Stammesgeschichte des Menschen; Springer
1998, Kapitel 8.1.3, S. 202ff

Knußmann Rainer, 1996a: Vergleichende Biologie des Menschen, 2. Auflage; Fischer
1996, Kapitel IV.C.2.a, Fundmaterial S.364f

Knußmann Rainer, 1996b: Vergleichende Biologie des Menschen, 2. Auflage; Fischer
1996, Kapitel IV.C.2.a, Morphologie S.366ff

Knußmann Rainer, 1996c: Vergleichende Biologie des Menschen, 2. Auflage; Fischer 1996, Kapitel IV.C.2.a, Phylogenetische Stellung und Differenzierung S.372f

Knußmann Rainer, 1996d: Vergleichende Biologie des Menschen, 2. Auflage; Fischer 1996, Kapitel IV.C.2.c, Homo erectus S.379ff

Knußmann Rainer, 1996e: Vergleichende Biologie des Menschen, 2. Auflage; Fischer 1996, Kapitel IV.C.2.c, Morphologie S.380ff

Knußmann Rainer, 1996f: Vergleichende Biologie des Menschen, 2. Auflage; Fischer 1996, Kapitel IV.C.2.b, Homo habilis S.375ff

Knußmann Rainer, 1996g: Vergleichende Biologie des Menschen, 2. Auflage; Fischer 1996, Kapitel IV.C.2.b, Morphologie S.376ff

Knußmann Rainer, 1996h: Vergleichende Biologie des Menschen, 2. Auflage; Fischer 1996, Kapitel

Meister Martin, 1998a: GEO Wissen – Die Evolution des Menschen
Die Sippschaft des Sapiens, S.27ff

Schrenk Friedemann, 1998a: GEO Wissen – Die Evolution des Menschen
Menschenmacher Klima, S. 12f

Tattersall Ian, 2000: Spektrum der Wissenschaft, Dossier 3/2000
Die Evolution des Menschen, S. 32: Ein neues Modell der *Homo*-Evolution

Wikipedia, 2007a: Australopithecus
http://de.wikipedia.org/wiki/Australopithecus
Abgefragt am 8.3.2007

Wikipedia, 2007b: Australopithecus afarensis
http://de.wikipedia.org/wiki/Australopithecus_afarensis
Abgefragt am 8.3.2007

Wikipedia, 2007c: DIK1-1
http://de.wikipedia.org/wiki/DIK1-1
Abgefragt am 8.3.2007

Wikipedia, 2007d: Paranthropus robustus
http://de.wikipedia.org/wiki/Paranthropus_robustus
Abgefragt am 12.3.2007

Wikipedia, 2007e: Ardipithecus ramidus
http://de.wikipedia.org/wiki/Ardipithecus
Abgefragt am 13.3.2007

Wikipedia, 2007f: Hominisation
http://de.wikipedia.org/wiki/Out-of-Africa-Hypothese#Homo_sapiens_-_Out_of_africa.3F
Abgefragt am 15.3.2007

Willig, 2007a: Hans-Peter Willig, Die Evolution des Menschen
Australopithecus anamensis
http://www.willighp.de/evo/thema/arten/anamensis.php?
PHPSESSID=893e221e193d454340d019befab2bd65
Abgefragt am 11.3. 2007

Willig, 2007b: Hans-Peter Willig, Die Evolution des Menschen
Australopithecus africanus
http://www.willighp.de/evo/thema/arten/africanus.php?
PHPSESSID=893e221e193d454340d019befab2bd65
Abgefragt am 12.3.2007

Willig, 2007c: Hans-Peter Willig, Die Evolution des Menschen
Australopithecus bahrelghazali
http://www.willighp.de/evo/thema/arten/bahrelghazali.php?
PHPSESSID=893e221e193d454340d019befab2bd65
Abgefragt am 11.3. 2007

Willig, 2007d: Hans-Peter Willig, Die Evolution des Menschen
Australopithecus garhi http://www.willighp.de/evo/thema/arten/garhi.php?
PHPSESSID=893e221e193d454340d019befab2bd65
Abgefragt am 11.3. 2007

Willig, 2007e: Hans-Peter Willig, Die Evolution des Menschen
Australopithecus aethiopicus
http://www.willighp.de/evo/thema/arten/aethiopicus.php?
PHPSESSID=893e221e193d454340d019befab2bd65
Abgefragt am 12.3. 2007

Willig, 2007f: Hans-Peter Willig, Die Evolution des Menschen
Australopithecus boisei – Der Schädel OH5
http://www.willighp.de/evo/thema/funde/abo_oh5.php?
PHPSESSID=893e221e193d454340d019befab2bd65
Abgefragt am 12.3. 2007

Willig, 2007g: Hans-Peter Willig, Die Evolution des Menschen
Die Besiedlung der Erde – zwei Hypothesen
http://www.willighp.de/evo/thema/siedlung/hypothesen.php?
PHPSESSID=0835e3f49353b39a275f8e480cc9af20
Abgefragt am 15.3.2007

Willig, 2007h: Hans-Peter Willig, Die Evolution des Menschen
Homo habilis
http://www.willighp.de/evo/thema/arten/habilis.php?
PHPSESSID=893e221e193d454340d019befab2bd65
Abgefragt am 18.3.2007

Willig, 2007i: Hans-Peter Willig, Die Evolution des Menschen
Homo heidelbergensis
http://www.willighp.de/evo/thema/arten/heidelbergensis.php?
PHPSESSID=893e221e193d454340d019befab2bd65
Abgefragt am 23.3.2007

Willig, 2007j: Hans-Peter Willig, Die Evolution des Menschen
Homo neanderthalensis
http://www.willighp.de/evo/thema/arten/neanderthalensis.php?
PHPSESSID=893e221e193d454340d019befab2bd65
Abgefragt am 23.3.2007

Willig, 2007k: Hans-Peter Willig, Die Evolution des Menschen
Atapuerca, Homo heidelbergensis – Homo antecessor
http://www.willighp.de/evo/thema/funde/hh_atapuerca.php?
PHPSESSID=893e221e193d454340d019befab2bd65
Abgefragt am 23.3.2007

GEO Wissen – Die Evolution des Menschen, September 1998

Frenz 1998a: Frenz, Auferstanden aus Fragmenten (S.20f):
Ardipithecus ramidus: Tim White 1992 Äthiopien, morphologische Mischung aus Mensch und Menschenaffe. Muss gemeinsamen Urahnen sehr ähnlich gewesen sein. 4,4 Mio.
   A. anamensis: Meave Leakey, 1992 Nordkenia. 4,2 – 3,8 Mio.
   A. bahrelghazali: Michel Brunet 1995. neue Art. 3,5 Mio.
H. antecessor: Bermudez de Castro 1997 Nordspanien. 780.000J, älteste europäische Funde. 6 Individuen. Annahme: Bindeglied. Kritik: Schädelfragment einer 11 Jährigen, anatomischer Wandel in Pubertät.

Frenz 1998b: Frenz, Die Etappen der Menschwerdung (S. 22f)
H. rudolfensis ist Vorfahr des H. erectus und Urahn des H. sapiens. Alternative: H. habilis ist Vorfahr.
Afrika: H.erectus-> arch. H. sapiens (H. heidelbergensis)-> nach Europa-> H. antecessor-> Neandertaler
H. sapiens-> von Afrika in ganze Welt

Hominidenevolution:

- Evolution von Australopithecus – Süd- und Ostafrika inclusive Paranthropus-Gruppen

- Out of Africa versus multi origin/ Homo erectus-Homo ergaster

- Gibt es Homo habilis tatsächlich??????

- Überlegungen zum Homo antecessor

zu beachten sind diese Regelungen:

Unbedingt dabei zu beachten ist:

Schriftliche Hausübung – als word-document (!!!)
ausschließlich an

hausaufgaben.anthropologie@univie.ac.at

Im Betreff: Name, Matrikelnummer, Name der Vorlesung und WS 2006/07

- Umfang mindestens 15 Seiten (mehr ist willkommen)

- Kopfzeile: Name, Studienrichtung, Studienkennzahl, Matrikelnummer, Name der Vorlesung

- Seitennummerierung!!!

- Gliederung: Inhaltsverzeichnis, und einzelne Kapitel

- Wenn Sie im Text wörtlich zitieren: „..........“ (Mueller, 1999); wenn Sie eine Idee weiterverfolgen dann in Klammer (nach Mayer, 2001);

- Literaturverzeichnis in alphabetischer Reihung:
Zum Beispiel: Mayer,L.: Physiologie des Menschen; Springer, 1997; oder Anderson,K., Mueller, B.: Morphological feature...; Journal of Human Evolution, Heftnummer, Seite 23-28; oder: eine webadresse wenn Sie Internetinformationen benutzen – Name des/der Autoren plus www.......

- Wenn Sie aus dem Internet kopieren ohne zu zitieren, dann: Nicht genügend!

- Letzter Abgabetermin: 18. April – unwiderruflich!!!!!!!!!!